ORFÉVRERIE

CHRISTOFLE

EXTRAIT DES

GRANDES USINES DE FRANCE

PAR TURGAN

Directeur-gérant du *Moniteur universel*, Chevalier de la Légion d'honneur, etc

~⚬~

PARIS

LIBRAIRIE NOUVELLE

Boulevard des Italiens, 15

—

A. BOURDILLIAT ET Cie, ÉDITEURS

—

1860

ORFÉVRERIE CHRISTOFLE

Les métaux précieux sont rares, les monnaies et les bijoux les absorbent. Il en reste à peine de petites quantités pour les usages réellement utiles qu'ils pourraient, qu'ils devraient avoir presque exclusivement. Si les pièces de monnaies sont nécessaires pour les transactions, si les bijoux sont un ornement agréable, l'orfévrerie, nous disons l'orfévrerie usuelle, est d'une utilité perpétuelle liée aux plus intimes besoins de la vie.

En effet, la grande valeur des métaux précieux est leur inaltérabilité bien plus que leur éclat ou leur couleur ; le cuivre rouge, parfaitement décapé, est bien plus beau que l'or ; l'acier poli est plus brillant que l'argent. Mais le cuivre et l'acier s'oxydent et se sulfurent, leur éclat et leur couleur se ternissent et disparaissent en quelques instants, — une lèpre noirâtre remplace bientôt le métal. Un inconvénient grave résulte de cette altérabilité. Le métal se désorganise, se détruit, et d'un vase élégant fait une masse fort laide bonne à jeter à la ferraille ; ou, si l'on persiste à s'en servir, des poisons subtils se forment et bientôt des maladies, dont on ne connaît pas la source, se développent et conduisent quelquefois à la mort. Qu'on nous permette de citer un exemple :

A Toulouse, on montre, sous le nom de Château-d'Eau, un très-bel appareil qui sert à élever l'eau de la Garonne assez haut pour qu'elle puisse partir de là pour les quartiers les plus reculés de la ville ; le préposé à la garde et à l'entretien de ce Château-d'Eau mène avec ostentation les voyageurs de passage dans cette ancienne capitale du Languedoc jusqu'au bassin supérieur où l'eau s'amasse avant d'être distribuée dans la ville.

Ce bassin est parfaitement disposé, c'est un chef-d'œuvre de mécanisme et d'aménagement, mais... le bassin est en cuivre, et, comme la meilleure condition pour produire de l'oxyde et des carbonates de cuivre, éminemment toxiques, est d'exposer ce métal à l'humidité de l'eau, puis immédiatement à l'action de l'air, et surtout à l'air chaud du Midi ; comme à chaque coup de pompe l'eau s'élève, le flot produit vient dissoudre et emporter un peu de vert de gris, pour le répandre ensuite dans les divers réservoirs de Toulouse et causer aux habitants des troubles de santé qu'ils attribuent à différentes circonstances climatériques ; et jamais on n'a eu l'idée de dorer, d'argenter ou de platiner la face interne de ce bassin, ce qui ne coûterait pas bien cher et donnerait la santé à une ville entière.

Ce que nous venons de dire pour le réservoir de Toulouse, nous pouvons le répéter pour une grande partie des vases qui servent à préparer nos aliments. Si quelqu'un descendait dans les cuisines de ces restaurateurs renommés, où d'assez nauséabonde nourriture se vend si cher, et se sert si pompeusement dans de la vaisselle plaquée prétentieuse, on verrait que les casseroles sont bien peu étamées, et que des préparations culinaires, souvent acides, refroidissent et restent plusieurs heures en contact avec des surfaces de cuivre oxydé ou tartré ; que les fourchettes et les cuillers désargentées montrent leur laiton vert-de-grisé. Nous aimerions mieux un peu moins de dorure au plafond, un peu moins de peinture sur les panneaux et quelques casseroles d'argent à la cuisine, ou sinon d'argent, au moins de maillechort fortement argenté.

Cette vérité a été reconnue de tout temps, et de tout temps on a essayé de revêtir d'une couche de métal inaltérable les vases utiles dont on voulait garantir l'innocuité, ou les vases sacrés dont on voulait conserver l'éclat. Mais cette industrie, quoique très-ancienne, est loin d'être arrivée non-seulement à son degré maximum, mais même aux premières notions d'utilité. C'est à notre avis un art qui commence à naître et dont la portée est encore inconnue.

Chez les Romains, la dorure seule était en usage, l'argenture ne l'était pas, et encore cette dorure ne s'appliquait guère qu'au plafond des temples, aux statues des dieux. D'après Pline ce serait sous la censure de Lucius Mummius, après la destruction de Carthage, que l'on commença à dorer le plafond du Capitole. C'était au moyen de feuilles d'or battu, étendues entre deux lames de baudruche, que l'on revêtait les poutres des palais et des temples.

D'une once d'or, les anciens tiraient environ sept cent-cinquante feuilles de quatre travers de doigt en carré; les plus épaisses étaient appelées *bracteæ Prænestinæ*, parce que la statue de la fortune à Préneste était dorée avec ces feuilles; les plus minces se nommaient *bracteæ quæstoriæ*.

Les doreurs modernes font des feuilles beaucoup plus minces, et en trouvent plusieurs milliers là où les autres n'en faisaient que sept cents. — Les anciens doraient sur bois au moyen d'une composition nommée *leucophoron*, espèce de terre gluante qui retenait l'or et permettait de le brunir. Ils se servaient aussi de l'albumine et de la colle pour tous les objets qui ne craignaient pas l'humidité. — Mais leur manière la plus fréquente de dorer était une sorte d'incrustation de lames de métal, mêlées avec d'autres incrustations d'ivoire ou d'ébène, comme l'indiquent les vers suivants de Properce :

> *Quod non Tænaris domus est mihi fulta metallis,*
> *Nec camera auratas inter eburna trabes.*

Ces inscrustations se payaient un grand prix ; ainsi, les dorures du temple du Jupiter Capitolin avaient coûté à Domitien

ORFÉVRERIE CHRISTOFLE. — Cour des piles.

plus de douze mille talents, c'est-à-dire plus de trente-six millions de francs ; Plutarque ajoute que cette profusion n'était rien auprès des galeries, des basiliques, des bains des Concubines de Domitien, et, à cette époque, la mode s'établit, même chez les particuliers, de faire dorer les murs, les planchers et les chapiteaux des colonnes de leurs maisons.

Ils les recouvraient aussi en lames solides, véritables pièces d'orfévrerie ; ces lames s'appelaient *aurum crassum vel solidum*, pour les distinguer des feuilles d'or battues, qui se nommaient *bracteœ*. D'après Lucain, les poutres du palais de Cléopâtre avaient été incrustées ainsi, et, cette prodigalité était telle, que le satirique la classe au degré des luxes les plus grands, que les siècles les plus corrompus toléraient à peine dans les temples. Mais la plus célèbre folie de dorure faite autrefois, fut le revêtement entier du temple de Pompée, que Néron fit orner lorsque Tiridate, roi d'Arménie, vint le voir à Rome ; cette décoration, si somptueuse, avait été disposée pour un seul jour, et il y eut une telle exhibition de vases et d'ornements d'or dans ce temple tout doré, que ce jour fut appelé le *jour d'or*.

Pour la dorure et l'argenture sur métaux, le procédé était tout différent : le plus employé et le plus ancien était une sorte de placage très-solide que l'on retrouve dans quelques statues assyriennes, dans un grand nombre de médailles et de monnaies faites en cuivre, dites founées, et recouvertes d'une couche d'argent assez épaisse, pour que la pesanteur spécifique seule ait pu révéler la fraude. Plusieurs objets de vaisselle, trouvés à Pompéi, sont en cuivre plaqué d'argent et non argenté. Au moyen âge, ce procédé fut aussi employé, car on en retrouve les traces assez souvent dans certaines pièces d'orfévrerie. Ainsi, récemment, on a découvert près de Dieppe, dans un cimetière mérovingien, une boule de cuivre, couverte d'une assez épaisse feuille d'argent alliée de cuivre ; quelques assiettes plates, des quinzième et seizième siècles, sont de même espèce. — Sur quelques anneaux des époques mérovingiennes, une feuille d'or entoure le cercle de bronze, et cache le plus souvent le monogramme du possesseur de la bague.—Pendant tout le moyen âge, les Arabes se servaient aussi du placage, qu'ils exécutaient avec une rare habileté; on dorait aussi beaucoup au moyen d'un amalgame d'or et de mercure. On mettait au vif, soit par un acide, soit par frottement, le cuivre, le bronze, ou même l'argent qu'on voulait dorer, on les frottait de mercure, puis on appliquait sur ce dernier métal une lame d'or. En passant ensuite la pièce dans un feu assez vif, le mercure s'évaporait, et l'or restait fixé sur le métal, où on pouvait le brunir, comme si c'eût été de l'or pur.

On se servit ensuite de deux systèmes qui, dérivent du procédé ancien, la dorure en feuille sans mercure — et la dorure par amalgame.

La dorure en feuille sans mercure s'opère en rayant, de manière à former des sortes de hachures, la surface du métal que l'on veut recouvrir d'or et d'argent, on le chauffe ensuite jusqu'au bleu, et, au moyen d'un brunissoir, on le recouvre de lames d'or qui adhèrent alors complétement au métal, grâce à l'action de la chaleur. Ce procédé était celui des ouvriers italiens, connus sous le nom d'azziministes, qui avaient emprunté leur art aux damasquineurs persans (a).

Dans le second système, on fait dissoudre de l'or à chaud dans du mercure; on filtre alors l'amalgame à travers une peau de chamois pour l'épaissir et on l'applique sur l'argent ou le cuivre fortement chauffé.

Ce dernier procédé est celui qui donnait les meilleurs résultats jusqu'à l'invention de la dorure électro-chimique, mais il avait de grands inconvénients pour la santé des ouvriers qui l'employaient. En effet, le passage au feu de la pièce recouverte de l'amalgame détermine un dégagement considérable de mercure qui cause les

---

(a) Les procédés de damasquinure italienne étaient de trois : des travaux dus à cet art prenaient le nom de *lavori alla tauna*, *alla damaschina*, *all' algemina*. Chacune de ces dénominations provenait d'une étimologie arabe : la première, du verbe *tauna*, qui signifie enchevêtrer des ornements ; la seconde, de *Damas*, où les ouvriers étaient connus par leur habileté ; la troisième, d'El-Agem, la Perse, dont les artistes jouissaient d'une très-grande célébrité.

accidents les plus sérieux. Vers 1818, M. Darcier inventa un système de foyer d'appel qui entraînait énergiquement les vapeurs mercurielles, et depuis ce temps on pratique encore, mais de moins en moins la dorure au mercure; c'est surtout pour fabriquer le vermeil que ce procédé a été conservé. On dorait aussi en frottant la pièce à dorer avec des cendres de chiffons imbibées de chlorure d'or et de cuivre, ou bien en trempant le métal dans une solution de chlorure d'or mêlé d'éther sulfurique : ce dernier mode a été employé en Angleterre, surtout pour le fer et l'acier poli, particulièrement pour les aiguilles. Mais les dorures faites par ces deux procédés ne sont ni belles ni durables.

L'argenture ne se fait pas par amalgame, elle ne s'opère le plus souvent que par l'application de feuilles d'argent sur cuivre ou laiton au moyen du brunissoir; mais comme l'argenture s'exécute à chaud, après avoir eu soin de décaper l'autre métal, elle tient assez bien, quoique pouvant se faire à bon compte.

En Allemagne, on emploie le nitrate d'argent cristallisé, mis en pâte avec du borax. La pièce vernie de ce mélange est soumise à un feu couvert de charbon de bois chauffé jusqu'à fusion du nitrate d'argent et du borax. L'argenture faite ainsi est assez solide, mais chère.

On emploie pour quelques argentures légères d'autres procédés plus ou moins bons, mais dont aucun ne vaut pour la solidité et l'économie les moyens galvanoplastiques. Il y aurait beaucoup à dire sur les procédés employés depuis la fin du siècle dernier pour appliquer les métaux précieux sur les autres. La belle découverte de Thomas Bolsover, appliquée et perfectionnée par Joseph Hancock [a], donna une nouvelle et très-importante impul-

(a) En 1742, un compagnon de la corporation des couteliers de Sheffield, nommé Thomas Bolsover, raccommodait un manche de couteau, recouvert d'argent, par le procédé des anciens plaqueurs. Ce travail le fit réfléchir au moyen de fabriquer des objets semblables avec solidité, facilité et économie. Mettant en exécution les idées qu'il avait conçues, il fit d'abord quelques tabatières et des objets de faibles valeurs. Joseph Hancock contribua beaucoup à faire connaître et apprécier les mérites de l'invention de Bolsover. Voici en quoi elle consiste : un lingot de cuivre bien limé est placé entre deux lingots d'argent d'une épaisseur bien moindre, par exemple, le dixième, le vingtième, ou le trentième; les trois lingots, enduits de borax humide et superposés, comme on vient de le voir, sont serrés avec du fil de fer et placés dans un fourneau à courant d'air. Dès que le bouillonnement sur le bord des lingots annonce que la brasure s'opère, l'opération princi-

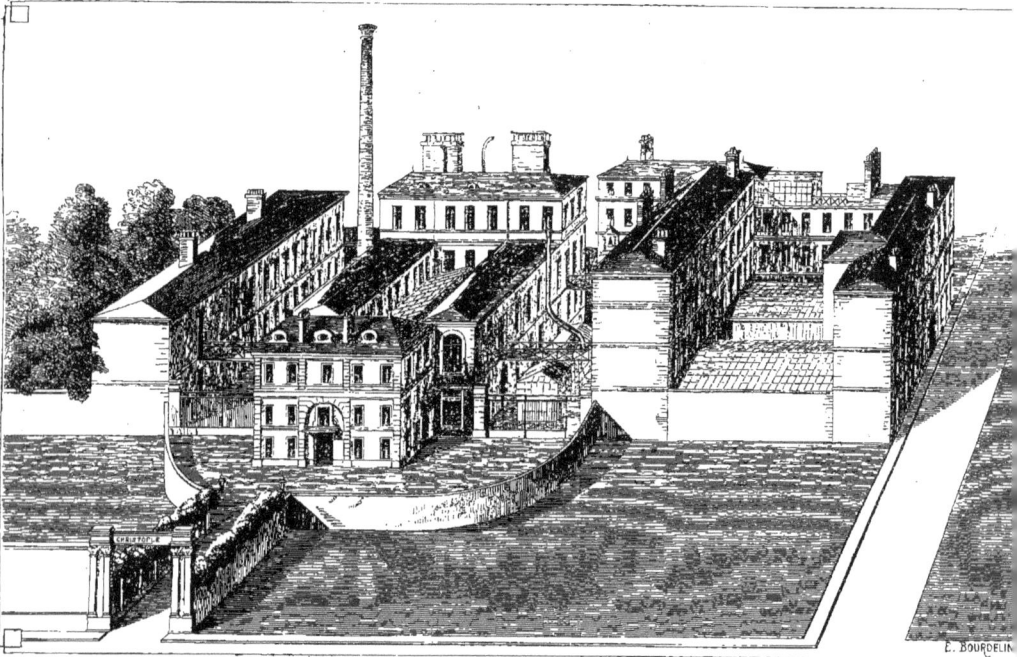

E. BOURDELIN

ORFÉVRERIE CHRISTOFLE. — Établissement de Paris.

sion à l'industrie du plaqué, et jusqu'à l'invention d'Elkington elle acquit une importance de plusieurs millions par année.

ORFÉVRERIE CHRISTOFLE. — Atelier de galvanoplastie.

La dorure sur bois, cuir, carton, papier s'est maintenue, car on n'a pas encore usé de l'électricité pour ces diverses sortes

pale est achevée. Le lingot retiré du feu se lamine ensuite à l'épaisseur que l'on désire, et la résistance réciproque des deux métaux est telle que le lingot plaqué d'argent peut s'étirer à cinq cent fois sa longueur, sans altérer l'épaisseur relative du cuivre et des deux feuilles d'argent dont il est accompagné. On fait encore plus facilement du plaqué simple en n'appliquant l'argent que sur un côté du lingot de cuivre. Le titre de l'argent employé est celui de la monnaie, de sorte qu'il jouit d'une dureté aussi considérable, au moins, que celui de l'orfévrerie.

Dès que les feuilles de plaqué sont ainsi obtenues, on comprend que tous les moyens d'exécution usités dans l'orfévrerie leur sont applicables. Mais pour épargner les frottements du tour et des instruments qui, usant la couche d'argent, feraient reparaître le cuivre, on évite autant que possible même l'emboutissage, d'application de l'or. Cependant il n'est pas douteux que des efforts sérieux soient faits dans ce sens, car un procédé pour la dorure et l'argenture sur soie a déjà été essayé avec quelque succès.

La dorure électro-chimique est basée sur un système tout différent : le dépôt de molécules métalliques en suspension dans un liquide sur un autre métal solide. Ce procédé, déjà ancien, avait été perfectionné par Baumé (a) ; mais il était encore très-incomplet lorsque les travaux d'abord purement scientifiques de la physique et de la chimie moderne vinrent, au commencement de ce siècle, donner le jour à une nouvelle industrie aujourd'hui florissante, et qui est loin d'avoir atteint ses dernières limites : l'électro-métallurgie.

Vers 1805, Brugnatelli racontait dans une lettre à Van Mons, qu'en profitant d'une des propriétés de la pile de Volta, il avait pu faire déposer sur une pièce d'argent l'or contenu dans un sel nommé ammoniure d'or; mais cette remarquable découverte n'eut aucune suite.

---

et l'on a recours à l'estampage, appliqué d'abord en petit à la fabrication des boutons de plaqué et maintenant à la fabrication des plus grandes pièces : l'estampage se fait au mouton. La matrice d'acier, qui doit imprimer tous ses détails sur le plaqué, est gravée avec beaucoup de soin et bien trempée. Cette partie du travail est très-dispendieuse, mais devient une économie pour les objets d'un usage très-répandu, en évitant une grande main-d'œuvre. Quand la matrice est en place, on y coule du plomb qui s'y moule exactement ; ensuite, sur cette masse de plomb refroidie et restée dans le creux, on baisse le mouton, dont la face inférieure, déchiquetée comme une râpe, s'accroche dans la masse de plomb et l'enlève de la matrice où elle s'est moulée.

Après ces préparatifs terminés, les feuilles de plaqué, convenablement ébauchées, sont soumises à l'action du mouton, que l'ouvrier soulève avec une corde munie d'un étrier. Le mouton frappe avec sa tête de plomb et pousse la feuille de plaqué dans la matrice; après quelques coups, la pièce que l'on veut obtenir peut être retirée du creux dans un état complet d'achèvement. Ces procédés sont les mêmes que l'on applique au doublé d'or pour la bijouterie, seulement les creux sont gravés avec encore plus de soin et de précision.

Un inconvénient du plaqué que l'on prévit sans doute dès l'origine, c'est que partout où l'on aperçoit son bord, le cuivre doit paraître. On y remédia de bonne heure, et vers 1792 on adaptait déjà aux ouvrages de plaqué des bords en argent soudé à l'étain. (Exposition de Londres. — Compte-rendu.)

(a) Lorsque les horlogers veulent dorer quelques petites pièces de cuivre ou d'acier, leur méthode ordinaire est de plonger la pièce dans une dissolution d'or par l'eau régale. Suivant les lois de la plus grande affinité le fer ou le cuivre sont dissous, et l'or abandonné de son acide se dépose, s'étend sur les pièces et les dore.

Dans ce procédé, comme la dissolution d'or est toujours avec excès d'acide, cet acide qui n'est point saturé agit sur les pièces, en détruit les vives-arêtes, et leur ôte la précision que l'ouvrier leur avait donnée.

M. Baumé a imaginé de préparer une dissolution d'or avec le moins d'excès d'acide possible. Pour cet effet, il faut évaporer la dissolution d'or par l'eau régale jusqu'à cristallisation. Il pose ces cristaux sur du papier qui en absorbe toute l'humidité, il les dissout ensuite dans de l'eau distillée.

La dissolution ainsi préparée attaque très-légèrement les pièces délicates d'horlogerie, et seulement pour appliquer l'or à leur surface; on les lave ensuite avec de l'eau. On obtient de cette manière une dorure plus belle, plus brillante, plus solide, et qui ne laisse pas de petits points noirs non dorés, comme il arrive par le procédé ordinaire.   (Encyclopédie.)

Vers 1840, les heureuses recherches de M. Becquerel sur les phénomènes électro-chimiques vinrent rappeler l'attention des savants sur la possibilité de créer des dépôts métalliques solides au moyen de la pile. M. Jordan, en Angleterre, M. Jacobi, à Saint-Pétersbourg, purent ainsi obtenir un cuivrage aussi intense que possible sur des objets placés dans une dissolution de sulfate de cuivre, en ayant soin de les attacher au bout du fil conducteur répondant au pôle négatif de la pile, et en laissant libre dans le liquide le pôle positif. Le succès obtenu par le cuivre détermina des recherches pour les autres métaux, mais on eut beau employer les piles successivement inventées par MM. Bunsen, Grove, Daniell, Smée, Archereau, essayer les différentes dissolutions acides d'or et d'argent, rien ne réussit absolument, et les travaux de MM. de la Rive, Bœttger et Elsner, très-curieux au point de vue scientifique, ne servirent à rien au point de vue industriel.

Pendant ce temps, l'Allemagne ne restait pas en arrière de la France et de l'Angleterre, et dès 1839, Berzélius faisait connaître un procédé trouvé par Elkington en 1836 dans lequel, après avoir préparé une solution bouillante de chlorure d'or dans le bi-carbonate de potasse, on y plongeait les métaux à dorer, mais le dépôt était toujours très-léger et ne se faisait pas sur le fer direct; ce métal devait être préalablement recouvert d'une couche de cuivre.

En 1840, les essais furent de plus en plus heureux, et M. Elkington prit en France un brevet pour dorer et argenter, en se servant de sel d'or ou d'argent uni avec le cyanure de potassium. Quelques mois plus tard, M. de Ruolz prit un autre brevet dans le même but, mais en indiquant le prussiate de potasse au lieu du cyanure de potassium. Il y eut à ce moment une véritable fureur d'électro-métallique, et le 19 décembre 1842, l'Académie des sciences, sans s'inquiéter des questions de priorité d'invention, décerna un prix solennel à MM. de la Rive, Elkington et de Ruolz, pour avoir enlevé tout danger à une industrie jusque-là toujours insalubre et souvent mortelle.

ORFÉVRERIE CHRISTOFLE. — Usine de Carlsruhe.

ORFÈVRERIE CHRISTOFLE. — Atelier d'argenture.

Comme l'Académie des sciences et comme les différents jurys des expositions universelles de Londres et de Paris, nous ne nous occupons pas de cette priorité d'invention, qui causa tant de procès, et nous décrivons de notre mieux l'usine de M. Christofle, le véritable fondateur, en France, de l'industrie qui nous occupe.

M. Christofle n'a pas la prétention d'avoir rien inventé, il était orfévre et bijoutier (a) ; comprenant l'importance pour sa profesion des nouvelles applications, il a acheté fort cher, d'abord les brevets de M. de Ruolz, puis ceux de M. Elkington, quand il a cru douteuse la validité des premiers ; il s'est conduit en commerçant loyal, et, sachant appliquer ses connaissances acquises dans le traitement des métaux précieux, il a, de ce qui n'était que des données scientifiques, construit et créé une industrie considérable qui occupe déjà chez lui seul plus de quinze cents personnes.

On ne peut se figurer le courage nécessaire pour fonder une industrie ; l'histoire de M. Christofle est un des exemples les plus frappant de persévérance et de volonté. Premier payement à M. de Ruolz, cinq cent mille francs à M. Elkington, cent soixante autre mille francs à M. de Ruolz et à son associé, dépenses inhérentes à toute création, dévorent la fortune de M. Christofle ; il fait appel à ses amis qui lui confient seize cent mille francs, et donne alors une impulsion à l'industrie naissante pour laquelle, en 1844, il avait déjà reçu la médaille d'or et la croix de la Légion d'honneur.

(a) M. Christofle a débuté dans la carrière industrielle comme apprenti pendant trois ans, puis ouvrier pendant un an et ensuite intéressé dans la maison Calmette. A vingt-quatre ans il se trouvait à la tête de la plus grande manufacture de bijouterie de son temps ; c'est à ce titre qu'il obtint la médaille d'or à l'exposition de 1839. Chef de cet établissement depuis 1831, il reçut une seconde médaille d'or en 1844 pour son exposition de bijouterie et pour ses ouvrages de dorure et d'argenture par voie humide ; il exploitait les brevets pris par MM. Elkington et de Ruolz. Le rapporteur du jury des sciences chimiques, M. Dumas, après avoir donné de grands éloges à la fabrication de M. Christofle et fait ressortir ses avantages pour la dorure des bronzes et l'argenture de l'orfévrerie, disait en terminant : « L'argenture voltaïque constitue donc une » branche de l'industrie nouvelle qui, exploitée déjà sur une grande échelle, prendra, on peut le prédire, » un rang très-élevé dans la consommation, à mesure qu'elle sera mieux connue. Le jury central a été » frappé des excellentes dispositions prises par M. Christofle, pour assurer à sa nouvelle et délicate industrie » la production régulière et loyale, qui garantit la confiance et la faveur des consommateurs éclairés. La » comptabilité est tenue de telle manière que le poids de l'or ou de l'argent est garanti par M. Christofle, » et que le mode de vente qu'il a adopté repose sur cette base. » (EXPOSITION DE LONDRES. — Compte-rendu.)

Mais alors une contrefaçon formidable s'élève et s'organise; M. Christofle, qui veut jouir du bénéfice de ses dépenses hardiment faites, de ses travaux courageusement exécutés qui commencent à porter leurs fruits, ne craint pas de s'adresser à la justice de son pays et engage une suite de procès dont il sort toujours honorablement vainqueur, malgré la lutte acharnée que soutiennent ses adversaires.

En 1847, le chiffre des affaires de la maison s'élève déjà à deux millions; en 1850, elles montent à deux millions cinq cent mille francs.

En 1851 commence un nouveau procès qui dure jusqu'au 15 mars 1853, où la cour de cassation confirme l'arrêt de la cour impériale du 3 février 1852, tendant à maintenir les droits des brevets Elkington, quoique ceux de M. de Ruolz fussent expirés dans leur dixième année.

A partir de ce moment, la vie de M. Christofle fut une longue suite de succès, et le courageux manufacturier put voir se développer son usine, encouragé par les premières médailles à toutes les expositions universelles nationales et provinciales. Il porta le capital de la société à trois millions, s'adjoignit son gendre, M. de Ribes, dont l'activité et la bonne administration donnent une nouvelle impulsion aux affaires de la maison qui, en 1859, dépassèrent le chiffre de six millions. Cette même année, des questions de douane déterminèrent la création d'une succursale à Carlsruhe.

Quelques chiffres pris au hasard donneront une idée de l'importance acquise par l'électro-métallurgie dans la maison Christofle, qui n'est plus seule, depuis l'expiration des brevets Elkington. Il a été argenté cinq millions six cent mille couverts, qui ont retiré de la circulation trente-trois mille six cents kilogrammes d'argent, valant six millions sept cent mille francs. Une pareille quantité de couverts, exécutés en argent massif, aurait fait disparaître de la circulation un million de kilogrammes d'argent, c'est-à-dire plus de deux cents millions de numéraire.

Les trente-trois mille six cents kilogrammes d'argent, à l'épaisseur adoptée pour les couverts, c'est-à-dire à trois grammes par décimètre carré, couvriraient une superficie de seize mille hectares.

On voit par les chiffres que nous venons d'indiquer l'accroissement rapide que prend l'argenture électro-chimique, et ce-

ORFÉVRERIE CHRISTOFLE. — Moulage de galvanoplastie.

pendant pour nous, c'est encore bien peu de chose. — Tous nos ustensiles de cuisine, tous les vases destinés à contenir des matières alimentaires, ne devraient-ils pas être argentés par le même procédé ; les métaux précieux du numéraire remplacés par un papier-monnaie, rentreraient dans l'industrie ou ils reprendraient leur véritable place ; grâce aux procédés électro-chimiques l'or et l'argent, pourraient fournir un nombre considérable de vases et d'ustensiles puisque avec un couvert d'argent massif, on peut en argenter trente avec une parfaite solidité.

Avant de commencer l'application des métaux précieux, sur

ORFÉVRERIE CHRISTOFLE. — Atelier des brunisseuses.

le cuivre ou le laiton, il faut faire subir aux objets destinés à cette fabrication une opération qui s'appelle le décapage. Le décapage consiste dans l'enlèvement de toutes les parties oxydées ou

graisseuses qui recouvrent le métal lui-même ; car l'or et l'argent n'adhèrent pas sur des surfaces métalliques altérées; — d'un autre côté, comme les particules se déposent uniformément, et comme la surface nouvelle reproduit exactement l'ancienne, si cette première est rugueuse, la seconde l'est aussi, et, si par le décapage on détermine une surface polie, la surface déposée le sera de même. Ce décapage peut avoir lieu de différentes manières, mais le but est toujours identique.

Il y a deux sortes très-distinctes de décapages : le décapage chimique et le décapage mécanique. Le décapage chimique s'applique au bronze et au laiton ; il se compose d'une série d'opérations assez compliquées. La première consiste à faire recuire les pièces d'orfévrerie en bronze sous un feu de mottes, conduit assez vivement pour détruire toutes les parties organiques déposées sur les parois du vase pendant sa fabrication, et pour opérer une sorte de recrouissage qui redresse les molécules métalliques aplaties et condensées par la percussion au marteau. Ce feu ne doit pas cependant être assez développé pour déformer les parties délicates des pièces d'orfévrerie fine.

Cette élévation de température détermine la formation d'un oxyde de cuivre noir qu'il faut détruire pour amener le métal au vif. Pour cela on plonge les pièces dans un bain d'acide sulfurique étendu d'eau. Ce bain est maintenu chaud pour le trempage des petits objets qui y séjournent quelques instants et laissé froid pour les grandes pièces qui y restent plongées une demi-journée. Pendant cette immersion l'oxyde noir de cuivre passe à l'état d'oxyde rouge uniformément réparti ; la pièce est alors passée dans un bain usé d'acide nitrique et d'acide sulfurique, lavée ensuite à l'eau puis replongée dans un bain composé d'un mélange assez concentré d'acides nitrique, chlorhydrique et sulfurique.

Quand on retire les pièces de ce bain où elles ont à peine séjourné quelques secondes, elles sortent avec un éclat qu'il est impossible de se figurer si l'on n'en a pas été témoin. Le cuivre, surtout à l'état pur tel qu'il est déposé par les procédés galvanoplastiques, prend des teintes rosées d'une douceur et d'un éclat qui justifient le nom de cuivre (*Cuprum*), métal de Vénus (*Cypris*), que lui avaient donné les anciens. Mais cette teinte, si fine et si charmante, dure à peine quelques minutes, et l'action de l'air la ternit très-rapidement, en la glaçant de tons noirs ou bleuâtres qui se changent bientôt en couches repoussantes d'oxydes et de sulfures.

Les objets en laiton ne sont pas recuits au feu ; ils sont seulement passés aux bains d'acides, puis lavés dans une solution de potasse et séchés dans la sciure de bois. Le passage des pièces au milieu de ces différents bains s'appelle *dérochage*.

Quant aux objets en maillechort contenant du nickel et qui ne pourraient supporter l'action des acides, ils sont décapés mécaniquement, c'est-à-dire frottés énergiquement au moyen d'une brosse ronde, mue par une transmission à courroie, et faisant sept cents tours à la minute. Cette brosse est en soie de sanglier, et imprégnée d'une légère couche de pierre-ponce pulvérisée. Le frottement de cette brosse remplace l'action des acides et enlève les matières grasses et les oxydes. Elle remplace aussi l'action du recrouissage en agissant sur les molécules.

Le décapage mécanique donne d'aussi bons effets que le décapage chimique et s'opère encore assez rapidement, puisqu'un seul ouvrier peut l'appliquer sur trente-six douzaines de couverts dans une seule journée.

Une fois décapées, les pièces sont séchées dans un bain de sciure de bois maintenu à quarante degrés de chaleur environ, sur des caisses en tôles chauffées par une injection de vapeur. Lorsqu'elles sont sèches, on vérifie leur fabrication une à une, et on les porte dans un bureau où elles sont minutieusement pesées pièce par pièce, après avoir été dans l'atelier même pesées en masse ; on établit ainsi un contrôle parfaitement sûr, car l'addition des objets séparés doit représenter la somme.

Ce pesage est rigoureux, car une des grandes préoccupa-

tions de l'usine Christofle est d'indiquer strictement sur son orfèvrerie la quantité d'argent déposé ; l'acheteur sait ainsi ce qu'il
acquiert. — Supposons une cloche destinée à couvrir un ré-
chaud : elle pesait avant d'être argentée cinq cent quarante
grammes, elle pèse après l'argenture cinq cent soixante-seize,
elle a donc acquis trente-six grammes d'argent. Sur ces trente-
grammes, cinq appartiennent au bouton qui surmonte la cloche
et qui a été argenté plus fortement que le reste, comme toutes
les parties de vase plus susceptibles de frottement. Ce poids
est minutieusement vérifié, et on peut alors appliquer sur la
cloche un poinçon portant le chiffre 36 à côté de la marque
de la maison et du numéro d'ordre sous lequel la pièce est
inscrite. La cloche sur laquelle nous avons vu faire ces pesées
portait le n° 335,673, et était destinée aux paquebots des Messa-
geries impériales.

Entre le premie ret le second pesage, les pièces ont été plongées dans un bain argentifère où s'est opéré, sans la main de
l'homme et presque invisiblement, une des plus singulières trans-
formations de l'industrie moderne.

Comme nous l'avons dit en faisant l'historique de l'électro-
métallurgie, en attachant un objet métallique à l'extrémité
du fil négatif d'une pile, en plongeant cet objet dans un bain
argenté où trempe une lame d'argent massif nommée *anode*,
communiquant au pôle positif de la même pile, les molécules
d'argent se détacheront de l'anode pour se porter sur l'objet
attaché au pôle négatif, et cela instantanément. Avant d'être
plongées dans le bain, les pièces reçoivent un nouveau décapage
destiné à remettre à vif le métal sali pendant les différents pesages.
Ce décapage s'exécute en passant les pièces successivement dans
l'alcool, l'eau-seconde, le nitrate de mercure et l'eau courante.

On lie les objets à argenter avec des fils de cuivre rouge se
terminant par un crochet ; au moyen de ce crochet on les suspend
à des tringles de laiton posées en travers des cuves contenant
le bain, et dès que le crochet a touché la tringle, l'opération com-

mence ; rien au monde n'est plus surprenant. En effet, les bains
sont transparents, presque incolores ; aucun mouvement ne
s'opère, et si, instantanément, vous retirez l'objet, il est déjà re-

ORFÉVRERIE CHRISTOFLE. — Cuve et pile.

couvert d'une couche d'argent suffisante pour envelopper entièrement le bronze ou le laiton dont il est fait.

Quelle est la composition de ces bains merveilleux, quelle est
la théorie scientifique de cette opération si curieuse? La solution
de ces questions demande une étude particulière, et nous l'em-
prunterons à un remarquable travail inédit, qui nous a été
communiqué par M. Bouilhet, ingénieur de l'usine Christofle.

« C'est, dit M. Bouilhet, au moyen du cyanure double de potassium et d'argent dissous dans un excès de cyanure de potassium
que s'effectue l'argenture électro-chimique. Bien des moyens
peuvent être employés pour arriver à ce résultat. Nous nous con-
tenterons de donner ici place au plus simple de tous.

» On dissout 2 kilogrammes d'argent dans 6 kilogrammes d'acide

nitrique, et on évapore jusqu'à ce que le nitrate soit fondu. De
cette manière, on chasse non-seulement l'excès d'acide, mais aussi
on réduit la petite quantité de cuivre qui se trouve toujours dans
l'argent le plus pur du commerce. Puis on fait dissoudre le nitrate
d'argent dans 25 litres d'eau.

» D'un autre côté, on a fait dissoudre 2 kilogrammes de cyanure
de potassium dans 10 litres d'eau. Cette solution, ajoutée petit à
petit dans la solution d'argent, détermine une précipitation de
cyanure d'argent et la formation d'azotate de potasse.

» Cette opération, conduite avec circonspection jusqu'au moment
où l'action d'une petite quantité de la solution de cyanure ne
détermine plus de précipité, permet d'éliminer par décantation
le nitrate de potasse qui reste en dissolution. On lave à l'eau pure
le précipité formé, et on le dissout immédiatement dans 2 kilogrammes de cyanure de potassium; puis on ajoute de l'eau de
manière à former 100 litres de bain. Lorsque l'on veut opérer sur
de petites quantités, ce bain est immédiatement propre à l'argenture.

» Si, au contraire, on veut faire fonctionner de grandes masses
de liqueurs argentifères, il faut, afin d'obtenir un bon dépôt,
faire macérer le bain pendant quelques jours avec des anodes
en argent et des plaques de cuivre mal décapées, sur lesquelles
s'opère le dépôt. On peut arriver au même résultat en faisant
bouillir le liquide pendant quelques heures.

» La solution d'argent ainsi obtenue est mise dans de grandes
cuves rectangulaires en bois, dont les parois intérieures sont dou-
blées en gutta-percha, afin de prévenir l'absorption de la liqueur.
La cuve est divisée dans sa longueur par des tringles auxquelles
sont suspendues des anodes en argent pur destinées à maintenir
un état de saturation constante. Toutes les anodes sont reliées
entre elles par un châssis en cuivre communiquant au pôle positif.

» Entre les anodes sont placées des tringles de cuivre communiquant, par un ensemble de châssis isolés, du bain minéralisé, au

pôle négatif de la pile. C'est là que l'on place les crochets chargés des pièces à argenter.

» Tout étant ainsi disposé, on décape les pièces, c'est-à-dire qu'on lessive à la potasse, on déroche à l'eau-seconde, puis on passe aux acides, ou l'on ponce, suivant la nature du métal, et on sèche à la sciure de bois chaude ; puis, comme les pièces ont pu être oxydées et graissées par le contact des mains, avant de plonger dans le bain on fait un second décapage, qui consiste à les tremper dans l'alcool, dans l'eau-seconde, dans le nitrate de mercure et à les rincer dans l'eau fraîche.

» Mises dans le bain, les pièces se couvrent immédiatement.

» Pour un bain contenant 600 litres de liquide, l'élément de Bunsen de $0^m 25$ sur $0^m 40$, soit 10 décimètres carrés de surface, suffit pour déposer en six heures 450 grammes d'argent.

» Le courant électrique agissant en raison inverse des distances, il s'ensuit que plus une pièce ou une partie de la pièce est rapprochée de l'anode, plus il s'y dépose d'argent ; il est donc utile de mettre à profit cette particularité du courant galvanique en plaçant en regard de l'anode les parties qui, dans les pièces à argenter sont les plus exposées au frottement.

» Quel est l'agent de l'argenture et de la dorure ? C'est une question à laquelle il était important de répondre.

» Dans un mémoire que nous avons adressé à l'Académie des sciences et fait à l'occasion du dernier procès dans lequel s'agitait la question d'invention entre MM. Elkington et de Ruolz, nous avons montré que, quel que soit le prussiate employé, le cyanure blanc, le cyanoferrure jaune, le cyanoferride rouge, le résultat de la réaction était le même, et que toujours on retrouvait et on pouvait isoler de la liqueur le cyanure double de potassium et d'argent, et que, par suite, c'était à lui seul que l'on devait attribuer la propriété d'argenter. Voici ce qui se passe dans ces trois circonstances :

» 1° Quand on mélange du cyanure d'argent et du cyanure de potassium, le sel double KCy, AgCy se forme immédiatement.

USINE DE PARIS. — Section Vis. Machine.

ORFÉVRERIE CHRISTOFLE. — Polisseur.

» 2° Quand on fait bouillir du cyanure d'argent dans le cyanoferrure jaune de potassium, la liqueur devient alcaline, et il se
forme du cyanoferrure d'argent et du cyanure de potassium. Par

l'ébullition, le cyanoferrure d'argent se dédouble en cyanure
d'argent et en cyanure de fer ; le cyanure d'argent se combine
avec le cyanure de potassium et forme le double sel CyK, CyKy.
On peut représenter la réaction par la formule finale :

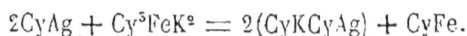

$$2CyAg + Cy^5FeK^2 = 2(CyKCyAg) + CyFe.$$

» 3° Si on emploie le cyanoferride rouge, il se forme du cyanoferride d'argent et du cyanure de potassium. Le cyanoferride
d'argent se décompose ensuite en cyanure de fer et en cyanure
d'argent, et le sel double CyK, CyAg se forme immédiatement,
réaction qui peut se représenter par la formule :

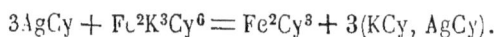

$$3AgCy + Fe^2K^3Cy^6 = Fe^2Cy^3 + 3(KCy, AgCy).$$

» Il est donc évident que, dans tous les cas, c'est le sel double
qui se forme, et que c'est lui seul qui a la propriété d'argenter.
Étendant cette théorie à toutes les solutions qui ont été propo-
sée, la substitution d'un équivalent à un autre, ne change pas les
réactions : on argente toujours d'après les mêmes principes. On
forme un sel double d'argent et d'une base alcaline plus stable
que tous les sels simples d'argent, et qui, sous l'influence de la
pile, se décompose en ses éléments.

» Dans la décomposition des solutions d'argent par la pile, le
cyanure d'argent seul est affecté ; l'argent se décompose au pôle
négatif, et la cyanogène se porte au pôle positif. La cyanure de
potassium devenu libre, moins dense que le reste de la solution,
s'élève à la surface du bain et détermine un courant ascendant.
Le cyanure d'argent formé sur la plaque positive se dissolvant
dans le cyanure de potassium libre, devient plus lourd que la
masse du liquide qui l'environne, tombe au fond du bain et forme
un courant descendant. De là résulte dans le bain une série de
courants ascendants et descendants qui produisent à la surface
des pièces une multitude de petites stries perpendiculaires. Pour
les éviter, il suffit de rendre la densité du bain plus uniforme en
agitant les pièces à argenter.

» La densité étant toujours plus considérable dans le fond qu'à la surface du bain, le dépôt d'argent est aussi plus rapide. L'expérience a prouvé que, sur une pièce plongée dans un bain ordinaire, il se déposait un tiers de plus de métal dans la partie inférieure. Le seul moyen de remédier à cet inconvénient est de retourner les pièces pendant le cours du travail.

» Le dépôt d'argent fait dans les cyanures est ordinairement mat.

» En ajoutant un peu de sulfure de carbone à des bains, M. Elkington a trouvé le moyen de rendre le dépôt brillant.

» La réaction qui se passe n'est pas encore bien déterminée. La meilleure manière de l'employer est de mettre dans un flacon bien bouché à l'émeri 10 grammes de sulfure sur 10 litres de bain, et de le laisser vingt-quatre heures en contact. Au bout de ce temps, il se forme un précipité noirâtre, et la solution est bonne à employer. Avant chaque opération d'argenture, on verse 1 centimètre cube de cette liqueur par litre de bain, et immédiatement le dépôt devient brillant comme s'il avait été gratte-boëssé.

» Les bains se détruisent à la longue, c'est-à-dire que, par suite de l'exposition à l'air et du passage du courant électrique, il se forme une certaine quantité de carbonate de potasse et d'ammoniaque aux dépens du cyanure, qui altèrent les propriétés du bain.

» L'anode soluble n'est donc pas suffisant pour en assurer la perpétuité? M. Christofle, préoccupé de ces inconvénients et des dépenses qu'occasionnait leur fréquent renouvellement, fit plusieurs tentatives pour remédier à ces accidents. M. Duchemin, ouvrier qu'il employait à ce travail, eut l'heureuse idée d'ajouter de temps en temps du cyanure de calcium. Par ce procédé, l'acide carbonique est passé à l'état de carbonate de chaux, et régénère une quantité équivalente de cyanure de potassium.

» On est arrivé ainsi à conserver si bien les bains qu'une partie de ceux de l'usine datent de 1845. — La solution alcaline est telle-

ment inaltérable que les cuves en tôle, ne présentent aucune trace
d'oxyde, et que, sur l'une d'elles entamée il y a cinq ans de manière à laisser une entaille à vif, cette entaille montrant le fer
absolument à nu est restée brillante depuis cette époque. Il est
vrai que l'argent qu'ils contiennent en dissolution se renouvelle
sans cesse par les anodes, lourdes plaques de six kilogrammes
dont la durée moyenne est d'environ quinze jours, et qui, ré-
duites à la minceur d'une feuille de papier sont retirés avant
qu'elles ne s'émiettent dans le bain.

On juge de la rapidité de l'opération et de son degré d'intensité, en examinant et pesant des tringles de cuivre plongées dans
le bain et retirées de temps en temps comme les *montres* des
fours à porcelaine.

Au bout de quatre heures ou plus, suivant le degré d'argenture que l'on désire donner aux pièces, l'opération est terminée et
on peut les retirer. Elles sont alors d'un blanc mat ressemblant
beaucoup à du biscuit de porcelaine, ou brillantes et polies
suivant la combinaison du bain. Les crochets qui les suspendent
et qui, eux aussi, se sont recouverts d'une couche d'argent, sont
recueillis avec soin, fondus et traités comme tous les métaux
qu'on veut affiner.

Les pièces de petites dimension sont plongées entières dans
les cuves ; pour les grands objets comme les statues, les grands
surtouts de table, les plaques de cheminées, on les divise en plusieurs parties réunies ensuite, ou bien on agrandit proportion-
nellement les cuves en élevant leurs bords.

Avant d'être livrée au commerce, la pièce sortant de la cuve a
encore bien des opérations à subir. Elle doit être gratte-boëssée,
c'est-à-dire frottée de toutes parts au moyen de brosses métalliques circulaires tournant avec une vitesse de cinq cents tours à
la minute, humectées d'une eau légèrement mucilagineuse. Ces
brosses sont dressées en fil de laiton tréfilé à Villedieu dans
des trous en rubis et si fins que, dans le commerce, ils ont reçu
le nom de chefs-d'œuvre. Ce frottement n'enlève pas la moindre

parcelle d'argent, mais il met dans un même plan les différentes
surfaces moléculaires irrégulièrement déposées, qui, par suite,
ne réfléchissaient pas la lumière, et produisaient un effet de ma-
tité presque absolu. On prépare ainsi la surface à recevoir le
brunissage qui doit la rendre tout à fait brillante et polie comme
un miroir.

Ce sont des femmes auxquelles ce travail est confié. Elles se
servent de petits instruments de toute forme en acier ou en éma-
tite, suivant la nature de la surface à brunir.

L'atelier du brunissage est un des plus gracieux de l'usine;
comme à l'Imprimerie impériale, comme à la Manufacture
des tabacs, les femmes, réunies en masse, sont d'une pro-
preté qui va souvent jusqu'à la coquetterie. Leurs cheveux
sont toujours minutieusement peignés et lissés; de même que
les plieuses, les brocheuses et les relieuses, les brunisseuses,
qui travaillent beaucoup des bras, les ont généralement dé-
veloppés, et ne craignent pas de les montrer avec une certaine complaisance. Elles sont du reste très-adroites, très-
laborieuses, et quelques-unes d'entre elles gagnent même quatre
à cinq francs par jour. Dans un autre atelier, composé d'hommes,
se font deux opérations qui ont pour but d'augmenter la densité
de la surface d'argent; elles sont surtout nécessaires aux vases qui
doivent beaucoup servir comme les plats et plateaux : l'une
se nomme *tranchage*, et s'exécute en frottant fortement tous
les contours et les parties des plats les plus exposées aux chocs
et aux rayures; l'autre se nomme *planage*, et s'opère en frappant la pièce sur un tas d'acier poli avec un marteau garni
d'un coussin en parchemin. Les molécules d'argent sont ainsi
rapprochées et acquièrent une grande cohésion.

Après le brunissage, les différentes pièces d'orfévrerie sont
remises aux monteurs qui en ajustent les parties, puis pesées
une seconde fois, marquées comme nous l'avons dit plus haut,
et livrées au commerce.

La dorure s'exécute d'une manière analogue, mais sur une

proportion beaucoup moindre ; ainsi, tandis qu'on emploie
environ quatre mille kilogrammes d'argent par année, c'est
à peine si l'on dépose vingt-cinq kilogrammes d'or. Et cela
s'explique parfaitement, d'abord par les usages restreint de
l'or en orfévrerie, puis par l'extrême divisibilité de ce métal
dont nous verrons tout à l'heure une preuve étonnante, quand
nous parlerons de la dorure sur les fils métalliques destinés à
la passementerie.

La dorure se fait rarement à froid ; elle s'exécute presque
toujours à chaud ; dans les deux cas, la composition du bain
reste la même, le temps d'immersion seul est variable.

« Les bains d'or, dit M. Bouilhet dans le travail cité plus haut,
sont formés en cyanure double de potassium et d'or dissout dans
un excès de cyanure.

» Pour l'obtenir on fait dissoudre 500 grammes d'or dans l'eau
régale, on évapore jusqu'à consistance sirupeuse. On reprend par
l'eau tiède et on ajoute petit à petit 3 kilogrammes de cyanure
qu'on a préalablement dissout dans l'eau ; on ferait ainsi 50 litres
de bain. Il est utile de ne l'employer qu'après l'avoir fait bouillir
pendant plusieurs heures. La température la plus convenable
pour opérer est 70°.

» Dans le bain plonge une lame d'or mise en communication
avec le pôle positif et qui sert à l'alimenter continuellement. A
mesure que le métal se dépose sur l'objet placé au pôle négatif,
une quantité d'or à peu près équivalente disparaît au pôle positif
et maintient le bain dans la même situation.

» Avant de porter les pièces dans le bain, on les rince dans l'alcool
pour détruire les corps gras qui pourraient les ternir, puis dans
une eau-seconde faible et dans le bain de nitrate de mercure, puis
rincées à grande eau ; c'est dans cet état que l'on plonge dans le bain.

» Tous les métaux se dorent également bien dans le bain que
nous venons d'indiquer ; mais l'acier exige un bain plus concentré
ou un cuivrage préable dans un bain alcalin.

» On peut, au moyen de réserves ou épargnes, obtenir différents effets artistiques dont le goût est le seul juge. Le vernis le plus propre à ce genre de travail est composé de vernis copal, huile et chromate de plomb, dont les proportions varient suivant le degré de fluidité désiré.

» Il s'applique au pinceau sur toutes les parties où l'on ne veut pas que le métal se dépose. Lorsqu'on le laisse sécher convenablement il n'est nullement attaqué par les dissolution acides ou alcalines. Il se délaye complétement dans l'essence de térébenthine ou la benzine.

» On peut obtenir de l'or vert et de l'or rouge directement par la pile. Pour l'or vert, on ajoute au bain d'or une dissolution de cyanure double de potassium et d'argent, jusqu'à ce qu'on ait obtenu la couleur que l'on désire, puis on opère avec un anode en argent. Dans ce procédé, il est très-important de bien proportionner la surface de l'anode à celle de la pièce à dorer.

» Pour obtenir l'or rouge, c'est une dissolution de cyanure de potassium et de cuivre que l'on ajoute au bain d'or. Mais ce dernier résultat s'obtient plus facilement en employant le vert à rougir des anciens doreurs au mercure.

» Lorsque les pièces sortent du bain d'or, elles ont ordinairement une couleur terne qui ne peut être acceptée par le commerce.

» On a donc encore plusieurs opérations à leur faire subir, c'est le gratte-boëssage, la mise en couleur et le brunissage. Le gratte-boëssage se fait à la main au moyen d'une brosse en fil de laiton dont le diamètre varie suivant la délicatesse de l'objet.

» Il se pratique toujours au sein d'un liquide qui est le plus souvent une décoction de bois de réglisse dont le but est de former un léger mucilage qui permette à la gratte-boësse de glisser plus doucement sur la pièce dorée.

» Pour les pièces unies, on remplace le travail de la main par celui du tour, comme on le fait pour les pièces argentées. Sur un arbre faisant 500 évolutions par minute, on monte un mandrin en cuivre muni d'une brosse en fil de laiton, un réservoir

supérieur amène constamment sur la brosse le liquide mucilagi-
neux, qui s'écoule dans un baquet inférieur. Un ouvrier peut aussi

ORFÉVRERIE CHRISTOFLE. — Atelier de gratte-boëssage et tranchage.

faire ce que dix ne feraient pas à la main dans le même temps.

» La mise en couleur se fait au moyen d'une bouillie appelée
or moulé et composée :

Alun . . . . 30 parties.
Nitrate de potasse. . . 30
Ocre rouge 30
Sulfate de zinc 8
Sel marin 1
Sulfate de fer 1

100

On l'applique de la même manière que nous avons indiquée pour la dorure au trempé.

La soudure au chalumeau

Le brunissage s'effectue, comme pour l'argenture, au moyen de pierres dures, telles qu'agates, hématites enchâssées dans des

Paris. — Imp. A. Bourdilliat, 13, rue Breda   20e LIV.

manches en bois où d'outils en acier parfaitement bien poli. »

Le dédorage se fait dans un mélange de : acide sulfurique, 10 parties ; sel marin, 1 ; azotate de potasse, 2.

Lorsqu'une pièce a été manquée ou que sur une pièce usée on veut déposer une nouvelle couche, il est nécessaire d'en retirer l'argent déjà déposé. Pour arriver à ce but on mélange six parties d'acide sulfurique à 66° et une partie d'acide nitrique à 40°.

Ce liquide a la propriété de dissoudre l'argent sans attaquer le cuivre ; on opère au bain-marie à la température de 70°. Dans un bain neuf de désargentage, le cuivre est tellement bien préservé par la présence de l'acide sulfurique qu'on a pu employer ce procédé pour déterminer la quantité d'argent dont une pièce est recouverte.

Une série d'expériences faites sur des pièces ayant des poids connus d'argent a permis de déterminer la valeur du procédé. On a reconnu que pour que l'opération se fît dans de bonnes conditions, un litre de liquide ne devait pas absorber plus de 25 grammes d'argent. Passé cette limite, le cuivre est attaqué légèrement.

On a constaté de plus que si on désargente une plaque de cuivre de 1 décimètre carré sur laquelle on a déposé une couche de cuivre de 5 millimètres entre 2 couches d'argent de 3 grammes, la couche de cuivre interposée préservait complétement la couche d'argent sous-jacente.

On le voit donc, l'exactitude du procédé n'a d'autres limites que l'approximation de la balance que l'on emploie.

L'opération doit être conduite plus lentement et à froid, et les résultats en sont toujours moins sûrs que ceux du désargentage.

On peut désargenter et dédorer dans une solution de cyanure concentré que l'on soumet à l'influence de la pile en intervertissant les pôles. Ce procédé s'applique plus convenablement aux pièces en acier, car ce métal placé au pôle positif de la pile n'est pas attaqué, tandis que l'or, l'argent et le cuivre se dissolvent facilement.

Une des plus nouvelles et des plus singulières applications de la dorure est la fabrication des fils dorés pour la passementerie ; on commence par argenter fortement une baguette de cuivre ; cette baguette est ensuite étirée de manière à donner un fil très-fin, argenté dans toute son étendue. Ce fil, enroulé autour d'une bobine, est dévidé au moyen d'un rouet, et passant rapidement au milieu d'un bain d'or, le couvre instantanément d'une surface jaune et brillante. L'or, ainsi déposé, est tellement divisé qu'un gramme recouvre un kilogramme de fil mesurant seize kilomètres environ.

Cette application est une industrie, encore au berceau, et dont le premier appareil se compose de deux capsules en porcelaine, et d'un vieux rouet de passementerie ; d'ici à quelques années ce sera une des branches les plus importantes de l'électro-métallurgique.

Une autre branche en pleine frondaison, est la galvanoplastie dont les différents usages croissent tous les jours en nombre et en importance. Elle se pratique principalement sur le cuivre. Dans la dorure et l'argenture et en général dans les dépôts adhérents, on emploie les sels doubles alcalins, dans la galvanoplastie de cuivre, on emploie les sels simples acides.

C'est avec du sulfate de cuivre légèrement acidulé par l'acide sulfurique, qu'on réduit le cuivre métallique ; on emploie l'appareil simple, c'est-à-dire la pile dans l'intérieur du bain, et on obtient un équivalent de cuivre pour un équivalent et demi de zinc dissous. Ce demi-équivalent sert à vaincre les résistances et les pertes d'électricité, car, théoriquement, on devrait avoir équivalent pour équivalent.

L'anode n'est plus employé, et le bain est alimenté par des cristaux de sulfate de cuivre qui se dissolvent dans le bain au fur et à mesure de son épuisement. La qualité du métal réduit dépend du juste équilibre entre la force employée et le travail à produire. Le dépôt peut passer par tous les états physiques d'un métal, depuis la poudre fine sans cohésion jusqu'au métal ayant toute la raideur d'un cuivre laminé ou forgé, cela dépend de l'intensité du courant électrique.

On fait à l'usine de la rue de Bondy des plaques de cuivre qu'on peut travailler au tour et au marteau à l'égal du meilleur cuivre suisse.

Le dépôt de cuivre s'exécute d'ordinaire sur des moules en gutta-percha rendue conductrice de l'électricité par la plombagine (a). La gutta-percha ramollie par une chaleur de 8°, est appliquée sur le modèle dont on doit prendre l'empreinte, et

---

(a) « DES MOULES. — Pour obtenir un dépôt de cuivre, il faut d'abord préparer les moules destinés à le recevoir. Ils sont de deux natures. Les premiers ou moules conducteurs de l'électricité, sont métalliques et ordinairement en cuivre, plomb pur ou métal fusible.

» Les seconds ou moules plastiques, sont en cire, stéarine, plâtre, gélatine ou gutta-percha, et ne sont pas conducteurs de l'électricité ; ne pouvant recevoir les dépôts directement, ils doivent être métallisés.

» MOULES MÉTALLIQUES. — Les moules en cuivre s'obtiennent en faisant un dépôt électro-chimique de métal sur l'objet à reproduire. Si le modèle est en métal, il est nécessaire d'empêcher l'adhérence du dépôt galvanoplastique. On y arrive en le frottant légèrement avec une brosse douce imprégnée de plombagine, ou bien d'essence de térébenthine, en ayant soin de bien essuyer avant de porter au bain. Si le modèle n'est pas en cuivre, mais en zinc, en fer ou en un métal attaquable dans les bains acides, il est nécessaire de recourir à un cuivrage préalable dans les bains alcalins. Si le modèle est en plâtre ou en cire, il est nécessaire de le métalliser; c'est un travail que nous indiquerons tout à l heure.

» Les moules en plomb ne peuvent se prendre que sur des corps métalliques ou de matières qui ne peuvent être altérées par la pression. Il suffit de mettre l'objet à copier entre une plaque de plomb et une plaque d'acier, et de soumettre le tout à l'action d'un laminoir. Ce procédé a été heureusement appliqué à l'imprimerie impériale de Vienne pour la reproduction des plantes, des fleurs et des organes des végétaux. Les moules en métal fusible ne sont guère employés qu'à la reproduction des médailles. L'alliage, composé de :

Plomb.	. . .	5
Étain	. . . .	3
Bismuth	. . .	3

est celui dont on se sert le plus.

» Il faut à la température de 80° centigrades. Il est nécessaire, avec cet alliage, pour exécuter un moule, d'avoir recours aux procédés de clichage par percussion.

» L'alliage doit être fondu plusieurs fois pour que le mélange soit parfait. Lorsqu'il est prêt à servir, on le coule sur un papier huilé, on le remue jusqu'à ce qu'il prenne une consistance pâteuse et qu'il paraisse sur le point de cristalliser. On enlève la couche d'oxyde qui s'est faite à la surface et on frappe légèrement avec la médaille fixée préalablement dans un mandrin en bois en la maintenant en contact jusqu'à ce que le métal soit complètement froid. Ce n'est qu'à ce moment que le moule peut être séparé de la médaille.

» MOULES PLASTIQUES. — Les matières plastiques les plus employées sont : le plâtre, la cire, la stéarine, la gélatine et la gutta-percha.

» Pour ces premières matières, les moules sont obtenus par voie de coulage. Les procédés employés sont tellement connus que nous ne les décrirons pas. Pour les plâtres seulement, il est une condition à remplir une fois le moule fait, c'est de le rendre inattaquable avec la solution de sulfate de cuivre. Il suffit pour cela de le plonger dans un bain de stéarine fondue jusqu'à ce qu'il en soit imprégné. Cette opération ne peut être faite qu'après une parfaite dessiccation du plâtre. La stéarine employée pour les moulages doit avoir été mélangée avec de la cire vierge. Seule, elle cristallise par refroidissement et ne donne pas toute la pureté dont elle est susceptible. Lorsque l'objet que l'on veut reproduire n'est pas de dépouille, c'est-à-dire quand il présente des sinuosités telles que le moule ne pourrait être détaché du modèle sans se briser, on ne peut employer les substances que nous venons d'indiquer, on a recours à la gutta-percha et à la gélatine.

» MOULAGE A LA GUTTA-PERCHA. — Cette matière est éminemment propre aux opérations galvanoplastiques. Assez élastique pour permettre la reproduction d'objets fouillés et complètement inaltérable dans les bains acides ou alcalins ; elle peut servir presque indéfiniment sans être nullement altérée dans ses qualités.

maintenue au moyen d'une presse énergique. Lorsqu'on juge
que le refroidissement est suffisant pour qu'elle garde l'empreinte
en conservant l'élasticité nécessaire au dégagement des parties
très-fouillées, on l'enlève vivement. On la découpe de manière
à lui donner la grandeur voulue, on la plombagine et on la met
au bain.

Les applications de la galvanoplastie sont nombreuses, presque
chacune d'elles est une industrie entière. M. Christofle l'a plus
spécialement appliquée à la reproduction des objets d'art et des
fines ciselures, à la décoration des meubles des appartements, à

> Il y a deux manières d'obtenir le moule : par voie de fusion et par voie de compression. Le premier
moyen consiste à mettre le modèle et la plaque de gutta dans un four, de manière à former une espèce de
fusion de la matière à la surface du modèle, puis à pousser avec la main qu'on trempe dans l'eau froide pour
l'empêcher d'adhérer à la gutta jusqu'au moment où on suppose que l'empreinte est parfaitement prise. Lorsque la gutta est refroidie suffisamment, on démoule en l'enlevant rapidement ; elle revient alors sur elle-
même et donne tous les détails du modèle ; mais cette méthode a l'inconvénient d'altérer profondément la
gutta, qui ne peut servir qu'à un petit nombre d'opérations, et d'exiger un temps assez long pour chacune
d'elles. Le second procédé, bien préférable au premier, opère par pression. Il demande un matériel assez
considérable, mais produit plus rapidement et mieux que celui que nous venons d'indiquer. Sur la plate-
forme d'une presse à vis, on dispose un châssis dans lequel se trouve la couche où est fixé le modèle à reproduire. Sur la couche on met une boule de gutta ramollie à l'eau bouillante et qu'on a longtemps pétrie
dans la main, puis une contre-pièce représentant les principales sinuosités du modèle, et ayant à sa partie
supérieure une surface horizontale. La gutta, en s'affaissant par la pression, chasse l'eau devant elle et s'im-
prime parfaitement sur le modèle. On laisse refroidir et on démoule. Le moulage à la gutta exige des modèles
en métal sur lesquels on puisse presser sans crainte, ou les soumettre à la chaleur. Si le modèle est en
plâtre ou en cire, on a recours au moulage à la gélatine.

> MOULAGE A LA GÉLATINE. — La gélatine est plus élastique que la gutta, et permet d'exécuter des objets
plus fouillés. Seulement, elle a l'inconvénient de s'altérer facilement dans les bains acides, et de fournir un
métal très-cassant par suite de la nécessité où l'on est de faire un dépôt rapide pour éviter l'altération de la
surface du moule. Elle devient à peu près imperméable en ajoutant à la dissolution de la gélatine dans l'eau
chaude, 2 °|o d'acide tannique dissous dans l'alcool, et 10 °|o de mélasse. Mais elle s'altérerait encore si on
n'avait pas soin de préserver la surface extérieure du moule avec une enveloppe en feuilles minces de gutta-
percha. Elle s'emploie par voie de coulage et demande un temps assez long pour son complet refroidissement
à la surface du modèle.

> MÉTALLISATION. — Cette opération est accomplie par l'emploi des moules conducteurs de l'électricité.
Il y a deux moyens d'obtenir cette métallisation : la voie sèche et la voie humide. De toutes les poudres
appliquées par voie sèche, la plombagine est la meilleure, sa nature onctueuse rendant son application plus
facile. Elle se fait au moyen d'un pinceau en blaireau pour amener la plombagine dans les parties les plus
fusibles, et d'une brosse très-douce pour rendre les surfaces brillantes. Toutes les plombagines ne donnent
pas également une bonne métallisation. Il est donc utile de faire l'essai de la conductibilité avant de l'employer. La voie humide consiste à imprégner la surface du moule d'une solution métallique et à réduire le
métal qu'elle contient par l'action d'un gaz, d'un liquide ou de la lumière. La solution la plus convenable est
celle du nitrate d'argent dans l'alcool : on l'applique sur le moule avec un pinceau fin, et on laisse sécher ;
on fait deux ou trois applications successives, puis on soumet la pièce à l'action de l'hydrogène sulfuré nais-
sant. Aussitôt que la surface du moule est devenue noire, on peut la porter au bain, car l'argent sulfuré la
rendra conductrice. On peut arriver au même résultat en remplaçant l'action de l'hydrogène sulfuré par celle
du phosphore dissous dans le sulfure de carbone, ou par l'action directe dans la lumière solaire ; mais le
premier moyen est préférable. C'est par ce moyen qu'Elkington, en Angleterre, et M. Piedallu, officier d'artil-
lerie, en France, sont parvenus à métalliser les substances végétales et animales, tels que fleurs, fruits, petits insectes, objets en jonc, en vannerie, etc., de manière à produire des résultats très-curieux. C'est aussi
par la métallisation par la voie humide que l'on peut couvrir le verre et les métaux de dépôts métalliques
qui permettent d'obtenir des effets artistiques remarquables. » (BODILHET. — De l'Électro-métallurgie).

la grande statuaire, à la gravure et à l'ornementation de tous les objets d'orfévrerie, où la main d'un artiste, plusieurs fois répétée, eût entraîné à de grandes dépenses. Pour cette dernière application, on a réussi à lui donner l'apparence d'un métal fondu et ciselé.

La pièce galvanoplastique présentant l'aspect d'une coquille, ayant à l'intérieur les cavités formées par les reliefs extérieurs, est garnie de morceaux de laiton plus fusible que le cuivre rouge, et chauffée au moyen d'un chalumeau à gaz. Le cuivre jaune, fond, et, en se soudant entièrement avec la coquille de cuivre rouge, ne forme plus qu'un seul et même métal qu'on peut cintrer, limer, tourner, ajuster comme une pièce venue de fonte, avec cette seule différence que la surface extérieure, d'un fini parfait, n'a plus besoin du travail d'un ciseleur habile pour avoir une valeur artistique très-réelle.

Bien avant que les brevets Elkington fussent expirés, M. Christofle avait compris que l'avenir de son industrie dépendrait un jour de la perfection des formes, de la valeur des pièces sur lesquels il pratiquerait l'argenture. Aussi a-t-il fondé une véritable usine d'orfévrerie préliminaire pour créer et préparer des pièces qui font la fortune et la gloire de sa maison

Le métal employé en orfévrerie est le laiton. Il est composé de 2/3 de cuivre rouge et de 1/3 de zinc. Il sert pour tout les objets tournés, estampés ou faits au marteau. Un autre alliage de cuivre et de zinc, dans d'autres proportions spéciales pour cette fabrication, est employé pour les objets fondus et ciselés.

Le premier sert à faire les formes, le second est employé pour ce que l'on appelle les garnitures. Si les formes sont rondes ou ovales, elles se font au tour. Sur un premier modèle dessiné ou fait en plâtre, on tourne la forme en bois de la pièce à exécuter, puis on établit une série de formes qui sont les intermédiaires entre la pièce à faire et la plaque de laiton qui doit être repoussée. Ces formes sont appelées mandrins. On enfonce ou on relève le métal en lui faisant prendre les contours du mandrin, au moyen d'outils en acier affectant différentes figures, suivant le genre d'effet à produire; entre chaque passe du travail, on recuit la pièce dans un four à réverbère.

Une timbale, par exemple, exige cinq mandrins et quatre recuissons. Si sa forme n'est pas de dépouille, le dernier mandrin est fait en buis et brisé en plusieurs pièces, maintenues par un noyau central en métal qui, étant retiré le premier, permet aux autres pièces de sortir facilement. Si les formes sont carrées, à pans ou à côtes, l'emploi de matrices en fonte devient nécessaire.

C'est sur le mouton que ce travail se fait ; c'est le mode de fabrication employé en Angleterre, mais en France on préfère ici tout rapporter à la fabrication du tour, plus rapide et plus économique.

Lorsqu'une pièce ne doit pas se répéter un nombre de fois suffisant pour permettre la dépense d'une matrice, on la fait au marteau et à la main, travail pour lequel il faut des hommes exercés. C'est ce qui s'appelle la retreinte.

Pour les garnitures on procède de la façon suivante : — Sur des modèles faits en cire et en plâtre, on fait un premier modèle en fonte, qu'un ciseleur habile termine en lui donnant toute la perfection désirable. C'est ce qu'on appelle le modèle. Il passe entre les mains du mouleur, qui exécute des moules en sable dans lesquels on coule l'alliage fondu dans des creusets. Ainsi obtenue, la fonte est ensuite ébarbée et ciselée par des hommes spéciaux. La ciselure est un travail dispendieux qui fait le plus ou moins de mérite d'une pièce finie. Pour abréger ce travail et obtenir des objets d'une grande perfection, on employe deux moyens :

Le premier ne peut servir que pour les objets de dépouille ; c'est l'estampage. Il se fait dans des matrices en acier au moyen du balancier et du monton.

Le second est la galvanoplastie, qui permet de faire toute espèce de pièces, même ronde-bosse et de la plus grande difficulté comme dépouille. La galvanoplastie se finit par le remplissage en laiton, ce qui lui donne une très-grande valeur comme solidité et aspect. Puis vient la monture ; c'est le travail

ORFÉVRERIE CHRISTOFLE. — Le mouton.

qui a pour but d'appliquer sur les formes les garnitures ciselées et les maintenir au moyen de la soudure. La monture de-

mande beaucoup de soin et de précaution, car, du goût qui aura
procédé à son achèvement dépend le plus ou moins de grâce

ORFÈVRERIE CHRISTOFLE. — Le tour ovale.

de la pièce fabriquée. La soudure est faite au moyen du chalumeau à gaz. Par ce moyen, mis en pratique rue de Bondy

(pour la première fois en France), il y a plus de seize ans, on
peut faire les pièces les plus difficiles en se rendant toujours
compte de ce que l'on fait, parce que le travail est toujours à
découvert, ce qui n'aurait pu se faire autrefois alors qu'on employait le feu couvert pour arriver au même but.

Après la soudure, vient la ragréure des bavures et la reparure
définitive de la pièce pour le polissage. Ce dernier travail se fait
comme nous le verrons tout à l'heure pour les couverts ; au lieu
de buffle, on emploie plutôt des brosses en poils de sanglier
qui usent moins et rendent le travail plus uniforme. Après le
polissage, les pièces sont décorées, soit avec de la gravure,
soit avec de la ciselure repoussée, du guillochis ou de l'émail.

La fabrication de l'orfévrerie occupe, dans les ateliers, vingt-
cinq chevaux de force.

La fabrication des couverts est toute une industrie demandant
une description spéciale. Elle se fait en France et à Carlsruhe, où
la société Christofle possède aussi une importante usine.

Le métal employé pour cette fabrication est exclusivement le
maillechort, c'est-à-dire un alliage de cuivre, zinc et nickel. Le
nickel est destiné à rendre le métal plus résistant et plus blanc.

Le maillechort ordinaire contient 4 pour 100 de nickel, le maillechort blanc, dit alfenide, en contient 12 pour 100.

L'alliage est fondu dans des creusets par 25 kilog. à la fois.
Douze fourneaux à air forcé, marchant ensemble, produisent par
jour 1,000 kilog. de lingots plats, ayant 12 mill. de largeur,
1 mill. et demi d'épaisseur et 60 mill. de longueur. Ces lingots
sont ensuite rabotés sur une machine spéciale dont le couteau a
la largeur du lingot et enlève d'un seul coup la surface rugueuse
et mauvaise ; ainsi un ouvrier peut faire 100 lingots par jour.
Les lingots rabotés sont portés sous des laminoirs puissants qui
les étendent en bandes de 1^m,50 de longueur et les amènent à
l'épaisseur désirable.

Dans l'intervalle des différentes passes, on recuit plusieurs fois
les lingots pour leur rendre l'élasticité première. Cette opération

se fait dans un four à réverbère ; après chaque recuisson les bandes sont décapées par les moyens ordinaires.

Supposons la fabrication d'une cuiller : les bandes sont portées sous un découpoir excentrique qui enlève des flans qui ont en raccourci la forme de la cuiller. Le flan a partout la même épaisseur. Il s'agit de faire varier cette épaisseur en même temps que d'allonger et de donner la forme au couvert. C'est au moyen de rouleaux d'acier sur lesquels sont gravés les différentes formes qu'on arrive à ce résultat.

Ces rouleaux sont montés sur la cage d'un laminoir muni d'un volant et pouvant fournir six pièces à la minute.

Le cuilleron subit la première impression en largeur.

La spatule subit un second laminage en longueur et largueur en même temps.

Puis les trois parties sont étendues à la dimension exacte du couvert, seulement il reste à donner la dernière passe qui est appelée « finissage. » Les trois premières passes sont appelées « passes de préparation. »

La dernière se fait plus convenablement sur une machine ayant la forme d'un laminoir, mais ne faisant qu'un mouvement de va et vient par une bielle avec excentrique. Le but de cette machine est d'opérer une pression plus uniforme, en allongeant plus également la matière, et sans produire d'ondulations.

Dans cette machine, les matrices, au lieu d'être des rouleaux gravés, sont des segments d'acier enchâssés dans des blocs de fonte, et réglés au moyen de vis de pression. Deux ouvriers sont nécessaires pour la manœuvre : l'un pose les pièces, l'autre les reçoit et les guide à la sortie. Ce qui a motivé cette forme de machine, c'est que, dans les laminoirs, on ne peut augmenter indéfiniment à cause du prix la dimension du rouleau et dans la machine à segments la surface de travail est sur une circonférence de 60 centimètres de diamètre. Une paire de rouleaux de 12 centimètres en acier fondu, vaut déjà 350 francs, gravés, plus de 500 francs.

Plus le diamètre du cylindre lamineur est grand, plus le laminage se fait régulièrement, car la pression a lieu normalement
à la surface ; si cette surface se rapproche de la ligne droite, il y
aura plus de chance de conserver la rectitude de la pièce qui
vient de subir la pression. On se rapproche alors des qualités de
la fabrication au balancier qui donne d'excellents produits,
mais trop lentement obtenus. Un balancier peut faire à peine un
couvert par minute ; les machines à segments en font huit dans
le même temps. De plus, la pression de la machine à segments
ne s'exerce jamais que sur un point, et ainsi une force moins
grande peut produire le même effet qu'une machine qui,
comme la presse monétaire, imprimerait toute la surface du
couvert à la fois.

Une seule machine de ce genre peut aisément fournir 150
douzaines de couverts par jour, en admettant tout le temps
nécessairement perdu par le montage et la mise en train de la
machine.

Le couvert, sortant de la machine, est plat ; pour en tirer la
rebarbe qui s'est faite dans l'impression, on le présente à une
meule d'émeri gros grain, tournant verticalement, et le dégros-
sissage se fait rapidement. Cette opération s'appelle fraisage ; une
meule plus fine termine ce travail.

La cuiller est ensuite emboutie dans des matrices placées sous
le nez du balancier, la fourchette découpée sous un découpoir à
levier. La cambrure de l'une et l'autre pièce se donne au moyen
d'une machine à deux leviers, et sur une matrice en fonte ayant
le cambre du couvert.

Des limeurs viennent ensuite régulariser le plat du cuilleron,
les dents des fourchettes. Ce travail se fait à l'étau dans des mâ-
choires en bois, spéciales à différentes formes et le couvert est
alors prêt à polir.

Le polissage se fait sur des tours animés d'une vitesse de deux
mille révolutions par minute. Des morceaux de buffle coupés de
différentes formes sont montés sur l'arbre de tour et, au moyen

de la ponce et de l'huile, on enlève les traits de lime et les
irrégularités de surface. Une brosse en poil de sanglier termine

ORFÉVRERIE CHRISTOFLE. — Travail au marteau,

le travail en l'adoucissant. — Entre chaque opération, il y a un
bureau qui reçoit, compte et vérifie la nature des pièces et met

de côté toutes celles dont le plus léger défaut, la plus petite irrégularité, paille, noirs ou manque de matière ne promettrait pas un couvert irréprochable. Les différents triages et déchets successifs du travail font que pour produire un kilogramme de couverts pouvant être livré au commerce, il faut en fondre et laminer trois kilogrammes.

Par année la production de l'usine est de soixante mille douzaines de couverts ou autres pièces équivalentes qui se composent ainsi :

300,000 couverts de table, 35,000 couverts à dessert, 550,000 cuillers à café, 90,000 pièces de couteaux de table, couteaux à dessert, louches, ragoûts, cuillers à sauce, à sucre et tous articles dénommés sous la rubrique de petite orfévrerie.

Le personnel de l'usine est très-considérable; il est paternellement administré. La direction s'est occupée de l'avenir de ses ouvriers, en créant à leur profit une dotation importante, et en entretenant aux ateliers de Vincennes et du Vésinet un certain nombre de lits. Exemple malheureusement trop peu suivi (a).

(a) Voici le personnel de l'usine Christofle :

Intérieur.

Ouvriers argenteurs, doreurs, décapeurs, brunisseurs, orfévres, fondeurs, monteurs, chauffeurs, hommes de peine, planeurs........	210
Ciseleurs......	25
Brunisseuses, vernisseuses, polisseuses.........................	132
Employés..	75
Artistes modeleurs...	7

449

Extérieur.

Cuilleristes, polisseurs, estampeurs...	300
Orfévres, monteurs, façonneurs, couteliers, emmancheurs ..:......	90
Ciseleurs et graveurs..........	100
Brunisseuses..	250
Fabrique de Carlsruhe......................................	200

940

1,009

Ouvriers occupés indirectement pour la fabrique.

Fondeurs, lamineurs, ouvriers en cristaux, tabletiers, ouvriers en produits chimiques, environ	50

1,439

Ancien élève de Sainte–Barbe, c'est dans l'éducation libérale de ce célèbre établissement que M. Christofle a puisé les idées philanthropiques que nous lui voyons mettre en pratique. Plein de confiance dans l'avenir industriel de la France, il est entré dans la seule voie qui puisse assurer sa suprématie sur tous les marchés du monde, en créant autour de lui une véritable dynastie

Suite de la note a de la page précédente.

Salaires des ouvriers.

La moyenne du salaire des ouvriers est de 4 fr. 50 c. par jour.
La moyenne du salaire des ouvrières est de 2 fr. 20 c. par jour.

Appointements des employés.

1 employé intéressé...........................			15,000 fr.
1 ingénieur...................................			12,000
1 chef d'atelier..............................			12,000
1 chef d'atelier..............................			8,000
1 chef de comptabilité........................			6,000
1 chef du contentieux.........................			6,000
2 chefs d'atelier.............................			8,000
1 chef de correspondance......................			3,600
1 caissier....................................			3,600
1 teneur de livres............................			3,000
1 chef d'atelier..............................			3,000
2 dessinateurs................................			6,000
3 voyageurs...................................			9,000
9 employés à 3,000 fr.........................			27,000
	id.	2,400	9,600
4	id.	2,100	8,400
8	id.	1,800	14,400
12	id.	1,500	18,000
9	id.	1,200	10,800
12	id.	1,000	12,000
75			195,400

Chiffre des affaires pour l'année............................ Fr. 5,955,814 45

Il a été déposé, dans le courant de l'année, la quantité de 3,919 kilogrammes d'argent.

Il existe dans l'établissement une caisse de secours, alimentée par une cotisation de 50 centimes par quinzaine pour les hommes, et 25 centimes pour les femmes, par les amendes et par la caisse de l'établissement, qui contribue annuellement pour environ 1,500 francs.

Cette caisse de secours, en cas de maladie, donne :

Aux ouvriers mariés . . . . . 3 fr. par jour.
Aux ouvriers non mariés. . . 2
Aux ouvrières 1 50

Il a, en outre, été créé pour les ouvriers et ouvrières ayant dix années de travail dans l'établissement, une dotation de 500 francs, en livrets de la caisse d'épargne, incessibles et insaisissables.

Cette dotation, qui date de 1851, et qui a déjà produit une somme de 54,078 fr. 77 au profit des ouvriers, est réglée par des statuts dont voici les principales clauses :

Après cinq années de séjour, l'ouvrier est inscrit pour une gratification de : . . . . 150 fr.
Trois années ajoutées aux cinq premières. 150 } 500 fr.
Deux années aux huit premières. . . 200 }

Si l'ouvrier quitte, soit volontairement, soit forcément, il perd tout droit aux périodes acquises, et la somme qui lui revient est répartie entre les autres ouvriers ayants droit.

L'établissement entretient trois lits à l'asile impérial de Vincennes, et deux lits à l'asile impérial du Vésinet, pour les ouvriers et ouvrières convalescents.

industrielle; M. de Ribes, son gendre, M. Bouilhet, son neveu, le secondent déjà puissamment et, bientôt réunis à M. Paul Christofle, son fils, continueront son œuvre.

Réparons une omission.

M. Christofle ne s'est pas contenté de ses travaux sur l'or et l'argent; la belle découverte de M. Sainte-Clair Deville ne devait pas le trouver indifférent. Après avoir fait à des objets d'art l'application de l'aluminium allié à 3 pour 100 de cuivre, il a employé les nouvelles combinaisons de M. Deville, et se servant de l'alliage à 10 pour 100 d'aluminium sur 90 de cuivre, il l'a appliqué à des coussinets de tour, à des glissoires et autres surfaces frottantes à grande vitesse. Ces expériences lui ayant démontré la supériorité de ce métal sur tous les alliages de cuivre, de zinc et d'étain employés jusqu'à ce jour dans l'industrie, comme résistance au frottement, au choc et à la traction, il a eu l'idée de l'appliquer aux armes de guerre. Des expériences se font en ce moment à Vincennes sur un obusier de campagne, dont S. Exc. le maréchal ministre de la guerre a autorisé la fabrication. Les résultats obtenus jusqu'à présent paraissent démontrer une supériorité très-sensible sur le bronze de canon allié à 10 pour 100 d'étain. La seule question à résoudre maintenant est celle du prix de revient de l'aluminium. Tout fait espérer que d'ici à peu de temps elle sera favorablement résolue, et que les prédictions de M. Dumas se trouveront réalisées (a).

Ces travaux sur l'aluminium, le désir constant de perfectionnement que l'on retrouve à chaque pas dans l'usine de la rue de Bondy, soit comme procédé nouveau, soit comme création de nouveau modèle, prouvent que M. Christofle et ses collaborateurs ne s'arrêteront pas dans leur voie.

(a) En 1855, l'aluminium, à l'Exposition universelle, valait 3,000 francs le kilogramme. Aujourd'hui il vaut 200 fr., dans un mois il vaudra 120 fr., et si les prédictions de M. Dumas se réalisent, comme tout le fait espérer, ce précieux métal ne vaudra un jour que 12 francs.

FIN DE L'ORFÉVRERIE CHRISTOFLE

APPENDICE

M. Christofle a adressé à M. Turgan la lettre suivante :

« MONSIEUR,

» Dans la dix-huitième livraison de votre consciencieux ouvrage sur les *Grandes Usines de France*, vous avez dit quelques mots sur l'invention de l'industrie que j'ai créée en France. J'ai à cœur, par des motifs que vous comprendrez, Monsieur, et que comprendront certainement tous ceux qui ont entendu parler de mes débats judiciaires, d'éclairer vos lecteurs sur la sincérité des droits de ceux qui ont eu des prétentions à cette magnifique découverte.

» C'est à l'Exposition universelle de Londres que cette grande question devait se trancher et s'est tranchée définitivement. Dans ce grand jury se trouvait réuni tout ce que le monde compte d'hommes considérables dans la science et dans l'industrie, et la décision de ces hommes devait corroborer les décisions judiciaires rendues par les tribunaux français.

» Ce jour-là, une voix s'éleva pour contester ; M. Elkington adressa au jury la lettre suivante :

« *A Messieurs les Membres du Jury français de l'Exposition universelle de Londres :*

» MESSIEURS,

» Lorsqu'un jugement académique plaça sur la même ligne M. de Ruolz et moi pour l'invention » des nouveaux procédés de dorure et d'argenture électro-chimiques, je me contentai de la récla- » mation qui fut faite en mon nom, par mon représentant, M. Truffaut. Mes relations avec M. de » Ruolz me permettaient alors de croire à l'honorabilité de son caractère, quoiqu'il me parût ex- » traordinaire qu'il eût véritablement fait de son côté la même découverte que moi, et cela quelques » mois après la prise de mes brevets et leur publication dans plusieurs écrits périodiques. Je n'ai » pas insisté davantage, sachant bien que justice ne me serait pas refusée au moment où cela » deviendrait pour moi une nécessité. Aujourd'hui que j'ai lu les dernières publications de M. de » Ruolz et que je puis juger combien est peu loyale sa conduite vis-à-vis de moi et vis-à-vis de » mon honorable ami M. Christofle, qui a si bien dirigé en France l'exploitation de la nouvelle

» invention, il est de mon devoir et de ma dignité de protester contre toutes les assertions qui
» dénaturent toutes nos relations et de réclamer mes droits dans leur entier.

» Puisqu'il a convenu à M. de Ruolz de se livrer à des attaques que rien ne saurait justifier en pré-
» sence des engagements pris par lui, je ne veux plus consentir à une sorte de partage que, par trop
» de condescendance, je lui ai accordé dans ma réputation d'inventeur. Je donne la plus entière
» approbation au Mémoire que M. Christofle a publié ; il contient la vérité exacte, et je pense que
» vous consentirez à en prendre une complète connaissance.

» J'ai trouvé appui constant auprès des tribunaux français, mieux éclairés sur mes droits que mes
» juges scientifiques, égarés par des appréciations inexactes.

» J'ai toute confiance que la France, représentée par son Jury, n'hésitera pas à réparer l'erreur
» qui a été commise à mon égard. Je m'en rapporte, Messieurs, à votre équité pour prononcer dans
» cette occasion solennelle où le monde entier a envoyé ses plus illustres représentants dans les
» sciences et dans l'industrie, et ce ne sera pas en vain que j'aurai invoqué mon titre d'étranger
» pour obtenir en France, cette terre classique de la justice et de la loyauté, une réparation qui
» m'est si légitimement due.

» Veuillez agréer, Messieurs, l'assurance de la haute considération de

    » Votre serviteur,

      » *Signé* : GEORGES-RICHARD ELKINGTON. »

» Et le Jury lui décerna la médaille de Conseil, la plus haute récompense qu'il eût à sa dispo-
sition. »

CHRISTOFLE

Paris, — Imprimerie de la Librairie Nouvelle, A. Bourdilliat, 15, rue Breda.

LA PREMIÈRE SÉRIE CONTIENT :

LES GOBELINS (trois livraisons). — Historique, teinture, tapisserie et tapis.

LES MOULINS DE SAINT-MAUR (une livraison).

L'IMPRIMERIE IMPÉRIALE (quatre livraisons). — Fabrication des caractères, gravure, fonderie, presses, etc.

L'USINE DES BOUGIES DE CLICHY (une livraison). — Fonderie de suif, stéarinerie, savonnerie, bougie décorée.

LA PAPETERIE D'ESSONNE (quatre livraisons). — Historique, commerce des chiffons, triage, lessivage, blanchiment, défilage, raffinage, collage, machines.

SÈVRES (quatre livraisons). — Historique, poteries anciennes, faïences, origines de la porcelaine en Chine et en France, matières premières, fabrication, encastage, fours, décoration.

ORFÉVRERIE CHRISTOFLE (trois livraisons). — Historique, argenture, dorure, galvanoplastie, orfévrerie, bronze d'aluminium.

Paris. — Impr. de la Librairie Nouvelle. A. Bourdilliat, 15, rue Breda.

.